BEI GRIN MACHT SICH IHR WISSEN BEZAHLT

- Wir veröffentlichen Ihre Hausarbeit,
  Bachelor- und Masterarbeit

- Ihr eigenes eBook und Buch -
  weltweit in allen wichtigen Shops

- Verdienen Sie an jedem Verkauf

Jetzt bei www.GRIN.com hochladen
und kostenlos publizieren

Bibliografische Information der Deutschen Nationalbibliothek:

Die Deutsche Bibliothek verzeichnet diese Publikation in der Deutschen National-
bibliografie; detaillierte bibliografische Daten sind im Internet über http://dnb.d-
nb.de/ abrufbar.

Impressum:

Copyright © 2019 GRIN Verlag
Druck und Bindung: Books on Demand GmbH, Norderstedt Germany
ISBN: 9783668922228

Dieses Buch bei GRIN:

https://www.grin.com/document/463237

Stefan Nothdurft

Wie kann die Leistung von Photovoltaikanlagen optimiert werden? Implementierung und Optimierung der Regelung eines Arduino-Lichtradars

GRIN Verlag

GRIN - Your knowledge has value

Der GRIN Verlag publiziert seit 1998 wissenschaftliche Arbeiten von Studenten, Hochschullehrern und anderen Akademikern als eBook und gedrucktes Buch. Die Verlagswebsite www.grin.com ist die ideale Plattform zur Veröffentlichung von Hausarbeiten, Abschlussarbeiten, wissenschaftlichen Aufsätzen, Dissertationen und Fachbüchern.

Besuchen Sie uns im Internet:

http://www.grin.com/

http://www.facebook.com/grincom

http://www.twitter.com/grin_com

Stefan Nothdurft

Assignment

Arduino Lichtradar– Implementierung und Optimierung

Studiengang: Elektro- und Informationstechnik – Bachelor of Engineering (B. Eng.)

Eingereicht am: 21.01.2019

Inhaltsverzeichnis

Abbildungsverzeichnis

Abkürzungsverzeichnis

Formelverzeichnis

1 Einleitung

Bei der Projektierung von Photovoltaik-Generatoren ist die Leistungsausbeute von großer Bedeutung. Daher werden die Photovoltaik-Module ständig weiterentwickelt um mehr elektrische Energie pro Fläche umzusetzen. (vgl. STOPPEL 2016, online)

Die Leistungsausbeute kann auch auf eine andere Weise gesteigert werden, ohne die Photovoltaik-Module technisch weiterzuentwickeln. Die Einstellung der Neigung und Orientierung haben große Auswirkungen auf die Leistungsausbeute. Auf Grund des sich ändernden Sonnenstands, treffen die Sonnenstrahlen nicht über den ganzen Tag hinweg, rechtwinklig auf die Oberfläche der Photovoltaik-Module auf. Sind die Photovoltaikmodule starr montiert, kann daher lediglich ein Kompromiss zum optimalen Einstrahlwinkel gefunden werden. (vgl. MERTENS 2018, S.59)

Durch den Einsatz einer autonomen Nachführung ist es möglich stets den optimalen Einstrahlwinkel einzustellen. Durch den Einsatz einer zweiachsigen Nachführung kann auf unseren Breitengraden im Durchschnitt ca. 30% mehr elektrische Energie als bei starrer Montage erzeugt werden. (vgl. MERTENS 2018, S.59-60)

Im Rahmen des Fernstudiengangs Elektro- und Informationstechnik (B. Eng.) an der Hochschule AKAD, wurden während eines zweitägigen Labortermins eine modellbasierte einachsige Nachführung realisiert. Dazu wurde aus dem Buch „Mit Arduino die elektronische Welt entdecken 3. Auflage" von Erik Bartmann, das Lichtradar unter „HACK 4-16" aufgebaut.

Bei der Inbetriebnahme stellte sich jedoch heraus, dass das Regelverhalten des Lichtradars zu empfindlich und wenig realitätsnah reagiert. Unter ungünstigen Lichtverhältnissen gerät die Regelung in Schwingung.

1.1 Ziel der Arbeit

Ziel dieser Arbeit ist die Optimierung des Regelverhaltens eines Lichtradars.

Dazu soll der vorhandene Programmcode analysiert und verbessert werden. Des Weiteren ist mittels Recherche zu überprüfen, ob der implementierte Regler für den Anwendungsfall geeignet ist. Gegebenenfalls ist er mit einem anderen Regler in Gegenüberstellung zu bringen.

1.2 Aufbau der Arbeit

Die Arbeit ist in fünf Kapitel gegliedert.

Im ersten Kapitel wird neben der Hinführung zum Thema, die Aufgabenstellung definiert.

Im zweiten Kapitel werden die Grundlagen eines Reglers erläutert. Es werden Programmierkenntnisse in C vorausgesetzt, daher wird auf die Programmiersprache an sich nicht weiter eingegangen.

Das dritte Kapitel befasst sich mit der verwendeten Hardware und schildert den Aufbau des Modells.

Das vierte Kapitel befasst sich mit der Analyse und Optimierung des Lichtradar Reglers.

Das abschließende fünfte Kapitel beinhaltet das Ergebnis und das Fazit der Arbeit.

2 Grundlagen

2.1 Regelung

Eine Regelung versucht die Differenz zwischen der Führungsgröße und der Regelgröße zu beseitigen. Dazu wird die Regelgröße kontinuierlich erfasst und mit der Führungsgröße verglichen, woraus sich die Regelabweichung ergibt. Mittels Regler und Stellgröße wird die Strecke beeinflusst. Äußere Störeinflüsse, welche auf die Strecke wirken, können dadurch ausgeglichen werden. (vgl. SCHRÖDER 2015, S.28)

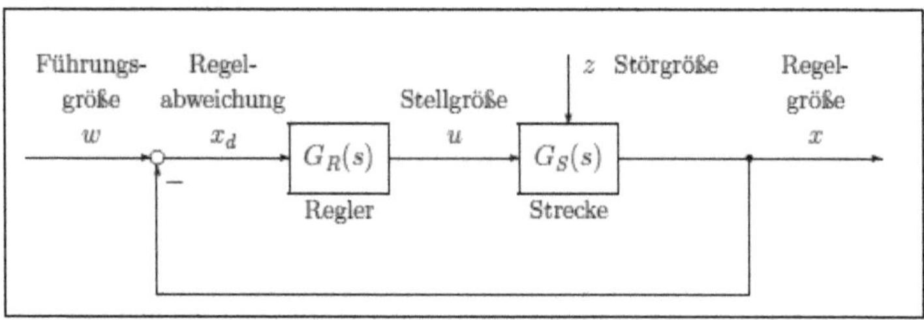

Abbildung 1: Regelkreises Prinzipbild

(aus SCHRÖDER 2015, S.28)

2.2 PID-Regler

Bei dem PID-Regler handelt es sich um einen stetigen Regler, der sich aus den drei Komponenten Proportional, Integral und Differential zusammensetzt. Es müssen nicht zwingend alle Komponenten zum Einsatz kommen, je nach Anwendungsfall können auch andere Kombinationen sinnvoll sein. (vgl. LUNZE 2012, S.396)

Der P-Regler wirkt proportional und ohne Verzögerung zur Regelabweichung. Der Regler ist daher schnell. Je größer der Verstärkungsfaktor K_P gewählt wird, desto stärker wirkt der Regler, jedoch schwingt er bei zu hoch gewähltem Verstärkungsfaktor. Bei diesem Regler wird die Regelabweichung nie vollständig ausgeregelt. (vgl. Samson AG o.J., S.27, S.29, S.34)

Mathematisch bildet sich der Ausgang des Reglers y aus der Multiplikation von Verstärkungsfaktor K_P und Regelabweichung e, sowie der Addition der Arbeitspunkteinstellung y_0.

$$y = K_p * e + y_0$$

Formel 1: P-Regler

(aus SAMSON AG o.J., S.28)

Der I-Regler lässt keine Regelabweichung zu. Je länger eine Regelabweichung besteht, desto größer wird der Ausgangswert des Reglers. Durch Anpassung der Integrierzeit kann die Anstiegsgeschwindigkeit festgelegt werden. Wird die Integrierzeit zu kurz gewählt, kommt es zu einem instabilen und schwingendem Verhalten. Der I-Regler wird im Vergleich zum P-Regler als langsamer Regler beschrieben, da der Regler Ausgang nicht direkt seinen Endwert erreicht. (vgl. SAMSON AG o.J., S.36)

$$y = K_I * \int e\, dt$$

Formel 2: I-Regler

(aus SAMSON AG o.J., S.35)

Der D-Regler reagiert auf die Änderungsgeschwindigkeit der Regelgröße. Das D-Glied wird gewöhnlich in Verbindung mit einem P-Glied verwendet, wodurch sich die Regeldynamik verbessert und gleichzeitig die Schwingneigung reduziert. (vgl. SAMSON AG o.J., S.38)

$$y = K_D * \frac{de}{dt}$$

Formel 3: D-Regler

(aus SAMSON AG o.J., S.38)

Die Parallelschaltung der drei Regler ergibt den PID-Regler, für den sich der folgende mathematische Zusammenhang ergibt. (vgl. LUNZE 2012, S.397)

$$y = K_p * e + K_I * \int e\, dt + K_D * \frac{de}{dt}$$

Formel 4: PID-Regler

(aus SAMSON AG o.J., S.43)

2.3   Der optimale Regler

In der Praxis gibt es keinen optimalen Regler, es ist ein Kompromiss, der sich zwischen Stabilität, Genauigkeit und dynamischen Verhalten ergibt. (vgl. SCHRÖDER 2015, S.46)

Um demnach einen Regler auswählen zu können, müssen die Anforderungen an den Regler bekannt sein. Welche Stabilität, Genauigkeit und welches dynamische Verhalten werden für den Einsatzzweck erfordert?

Ein passender Regler kann nach den Auswahlkriterien ausgewählt werden:

- Integral- oder Proportional wirkende Regelstrecke
- Zeitliche Verzögerung der Regelstrecke
- Wie schnell eine Regelabweichung ausgeregelt werden soll
- Sind bleibende Regelabweichungen erlaubt oder nicht

(vgl. SAMSON AG o.J., S.50)

Mit Hilfe der Tabelle kann ein Regelglied oder mehrere Regelglieder ausgewählt werden.

Regelglied	Regel-abweichung	Arbeitspunkt-einstellung	Stell-geschwindigkeit
P	bleibend	wünschenswert	hoch
PD	bleibend	wünschenswert	sehr hoch
I	keine	entfällt	niedrig
PI	keine	entfällt	hoch
PID	keine	entfällt	sehr hoch

Tabelle 1: Merkmale von PID-Regelgliedern

(aus SAMSON AG o.J., S.50)

3 Hardware

3.1 Entwicklungs-Board - Arduino UNO R3

Das Arduino UNO R3 ist ein Entwicklungs-Board zur Programmierung des darauf gesteckten ATmega328P Mikrocontroller. Das Board verfügt über vierzehn digitale I/O-Pins, sowie 6 analoge Eingänge. Die Taktfrequenz des Quarzes beträgt 16MHz. Die Versorgungsspannung ist direkt über USB oder ein externes Netzteil möglich. (vgl. ARDUINO.CC o.J., online)

Das Board kann mit sogenannten Shields erweitert werden. Diese können direkt in die Buchenleisten aufgesteckt werden. Mit der Programmierumgebung "Arduino IDE" wird der Programmcode implementiert und mittels USB-Schnittstelle in den Mikrocontroller geladen. (vgl. ARUINO.CC2 o.J., online)

3.2 Photowiderstand (LDR) – Typ: VT83N1

Der Photowiderstand ist ein ohmscher Widerstand, der seine Leitfähigkeit in Abhängigkeit der Beleuchtungsintensität verändert. Es handelt sich hierbei um ein Halbleiter-Bauelement. Auf der Oberseite des Bauteils ist die Halbleiterschleife zu sehen. Unter Lichteinwirkung werden Elektronen freigesetzt, wodurch sich der Widerstand des Halbleiters verringert. (vgl. BERNSTEIN 2012, S.36)

Der LDR verändert seinen Widerstand im Bereich von 12kΩ(hell) und 100kΩ(dunkel). (vgl. LDR DATENBLATT o.J., S.15)

3.3 Servomotor - Micro Servo Tower Pro SG90

Der Servomotor kann sich im Bereich von -90 bis 90° ausrichten. Die Vorgabe wird per PWM mit einer variablen Pulsdauer von 1 bis 2ms, bei einer Frequenz von 50Hz eingestellt. Die für Arduino verfügbare Bibliothek Servo, übernimmt bereits die Umrechnung von Ausrichtung in Pulsdauer. (vgl. SG90 DATENBLATT o.J., S.1)

3.4 Aufbau und Schaltplan

Die Bauteile werden auf eine Lochrasterplatine gelötet und diese wird fest auf dem Servomotor montiert. Der Keil aus schwarzem Pappkarton entkoppelt die Photowiderstände untereinander. Dies ist nötig, um schräg einfallendes Licht differenzieren zu können.

Abbildung 2: Lichtradar Aufbau

(Eigene Abbildung)

Die beiden baugleichen Photowiderstände bilden zusammen mit den 10 kΩ Widerständen einen Spannungsteiler. Die Spannung an den Mittelabgriffen lässt sich mit der folgenden Formel berechnen:

$$U_{Mittelabgriff} = \frac{V_{CC}}{R_{LDR} + R_{1/2}} * R_{1/2}$$

Formel 5: Spannungsteiler

(vgl. BARTMANN 2017, S.496)

Die Berechnung ergibt eine Spannung gegenüber GND zwischen ca. 2,3V (hell) und 0,45V (dunkel). Die Spannungsmessung erfolgt mit den 10bit Analogeingängen A0 und A1 des Arduino Boards. Anhand der Spannungsdifferenz wird die Regelgröße gebildet.

Der Servomotor wird direkt von der 5V Versorgungsspannung des Arduino Boards gespeist. Über den PWM Ausgang an Pin 9 erfolgt die Übertragung des Stellwerts an den Servomotor.

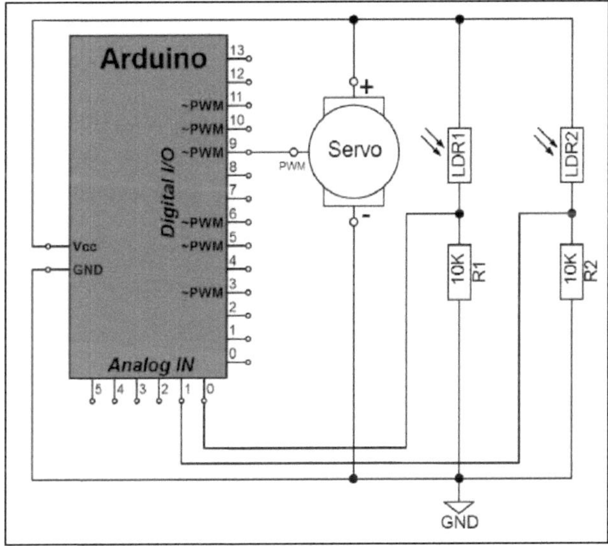

Abbildung 3: Lichtradar Schaltplan

(aus BARTMANN 2017, S.491)

4 Optimierung

Dieser Abschnitt befasst sich vorerst mit der Analyse der Regelung, um Ansätze für Optimierungsmaßnahmen erlangen zu können.

Im Anschluss folgen die Optimierungen der Hardware sowie der Software. Dazu werden die entscheidenden Programmiercodeausschnitte aufgezeigt. Die vollständige Programmierung ist im Anhang abgelegt.

4.1 Regleranalyse

Der Wirkungsplan dient als Grundlage für die Analyse und stellt die Regelung grafisch dar.

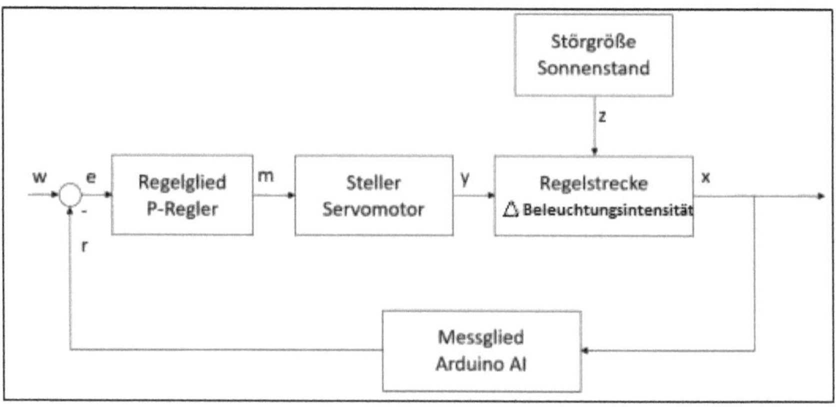

Abbildung 4: Wirkungsplan der Regelung

(Eigene Abbildung)

Die optimale Ausrichtung zur Lichtquelle stellt sich ein, wenn an beiden LDR dieselbe Beleuchtungsintensität gemessen wird. Die Führungsgröße *w* ist konstant 0.

Es handelt sich um einen P-Regler mit einem Verstärkungsfaktor *Kp* = 1. Das bedeutet, dass die gemessene Differenz der Beleuchtungsintensität direkt an den Steller weitergegeben wird.

Im Regelkreis ist das Verhalten der Regelstrecke unbekannt, diese kann durch Messung der statischen Kennlinie in Erfahrung gebracht werden. Zur Aufnahme der Regelstrecken Kennlinie wurde ein Programm erstellt. Es steuert den Servomotor schrittweise mit einem Takt von 100ms über den gesamten Bereich von 0-180° an. Eine Taschenlampe wird so auf die LDRs ausgerichtet, dass bei einem Stellwert von 90° das Lichtradar in die Richtung der Taschenlampe zeigt.

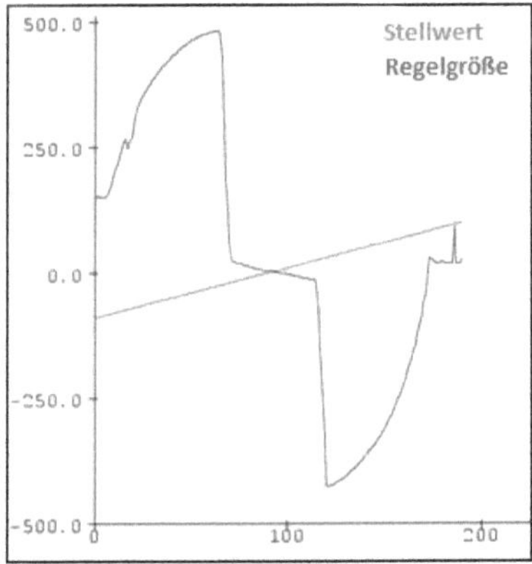

Abbildung 5: Kennlinie der Regelstrecke

(Eigene Abbildung)

Der Messung ist zu entnehmen, dass die Regelstrecke ein nichtlineares Verhalten aufweist.

„Nichtlinearitäten erschweren die Regelung" (Samson AG o.J., S.20)

Die kritischen Bereiche befinden sich etwa bei einem Stellwert von ungefähr +-10°. Dort steigt die Regelgröße sprunghaft an. Der Grund für diesen Effekt ist der Keil zwischen den LDR zur gegenseitigen Entkopplung.

Sobald die Regelung in diesen Bereich aussteuert, erhöht sich die Streckenverstärkung drastisch. Der P-Regler steuert somit den Servomotor direkt sehr stark aus und gelangt der Gegenrichtung erneut in den kritischen Bereich. Dadurch schwingt das Lichtradar zwischen den positiven und negativen Regelbereichen hin und her.

4.2 Stellwertbegrenzung

Die Variable *Stellwert* muss begrenzt werden, sonst läuft in der Methode meinServo.write(stellwert) bei zu großen Werten der Speicherbereich über. Der Servomotor verhält sich dann nicht mehr wie erwartet.

```
if(stellwert>180) stellwert = 180;
else if(stellwert<0) stellwert = 0;
```

Abbildung 6: Programmcode – Stellwertbegrenzung

(Eigene Abbildung)

4.3 Linearisierung der Regelstrecke

4.3.1 Hardware

Die Linearität der Regelstrecke kann mittels Optimierung der Hardware verbessert werden. Der Keil zwischen den LDR wird dazu weiter nach hinten in Richtung der LDR versetzt.

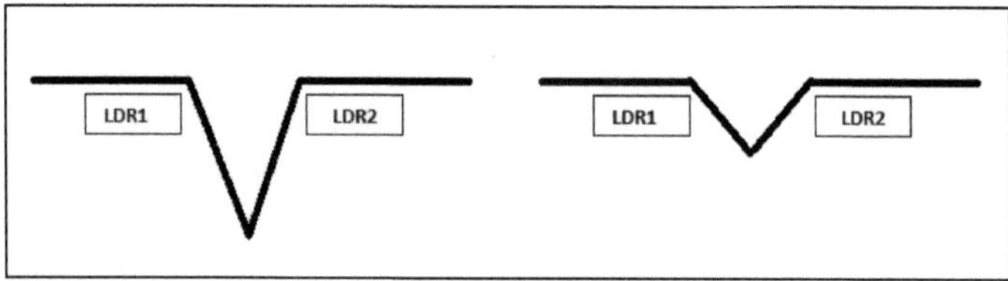

Abbildung 7: Hardwareoptimierung der Entkopplung

(Eigene Abbildung)

Die Sprünge sind dadurch weiter vom Arbeitspunkt entfernt und der lineare Bereich erweitert. Die kritischen Bereiche befinden sich durch diesen Vorgang anschließend bei einem Stellwert von ungefähr +-50°.

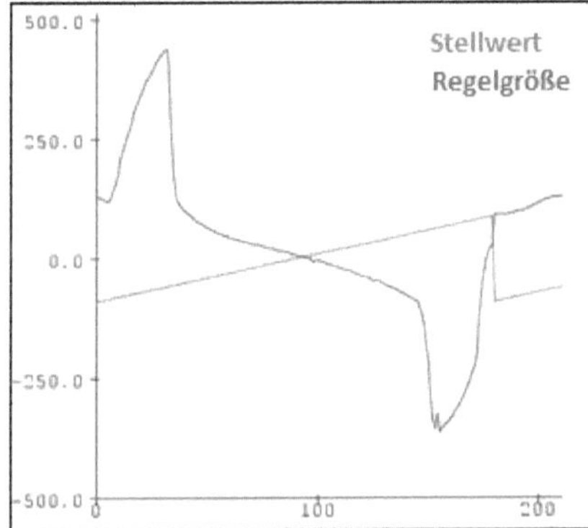

Abbildung 8: Kennlinie der Regelstrecke nach der Hardwareoptimierung

(Eigene Abbildung)

4.3.2 Software

Mittels Interpolation nach Newton wird die Regelstrecke linear angenähert. Aus der Regelstreckenkennlinie werden fünf Stützstellen ausgewählt. Ein Polynom 4.Grades genügt den Anforderungen. Es ist eine Fallunterscheidung zwischen positiven und negativen Messwerten notwendig.

Stützstellen (Stellwert, Regelgröße): 1-(0,0), 2-(80,80), 3-(100,200), 4-(110,300), 5-(350,120)

Nach der Eingabe der Stützstellen in einen online Rechner ergeben sich die folgenden Formeln:

$$y_{positiv} = 1.666762x - 0.010426x^2 + 0.000028269x^3 - 0.0000000265x^4$$

$$y_{negativ} = 1.666762x + 0.010426x^2 + 0.000028269x^3 + 0.0000000265x^4$$

Formel 6: Interpolation nach Newton

Die Implementierung der Formel wird folgendermaßen Umgesetzt:

```
if(ergebnisMessung>0) ergebnisMessung = (1.666762*ergebnisMessung)-
(0.010426*ergebnisMessung*ergebnisMessung)+(0.000028269*ergebnisMessung*ergebnisMessung*ergebnisMessung)
-(0.0000000265*ergebnisMessung*ergebnisMessung*ergebnisMessung*ergebnisMessung);
else ergebnisMessung = (1.666762*ergebnisMessung)+(0.010426*ergebnisMessung*ergebnisMessung)
+(0.000028269*ergebnisMessung*ergebnisMessung*ergebnisMessung)+
(0.0000000265*ergebnisMessung*ergebnisMessung*ergebnisMessung*ergebnisMessung);
```

Abbildung 9: Programmcode – Interpolationspolynom

(Eigene Abbildung)

Mit der folgenden Abbildung ist die Verbesserung der Linearität bestätigt. Auf der linken
Seite ist die Messung ohne Linearisierung und auf der rechten Seite mit Linearisierung
dargestellt.

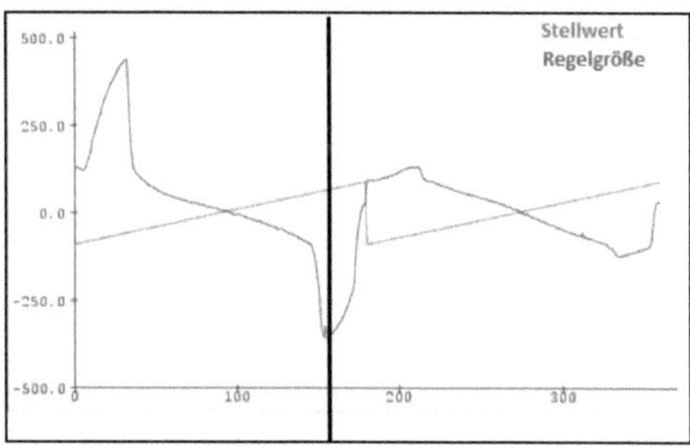

Abbildung 10: Kennlinie der Regelstrecke mit und ohne Linearisierung

(Eigene Abbildung)

4.4 Regler Anforderungen und Auswahl

> ➤ Aufgrund des sich nur langsam ändernden Sonnenstandes, ist die dynamische
> Wirkung der Störgröße auf die Regelstrecke träge
>
> ➤ Eine möglichst geringe bleibende Regelabweichung soll erreicht werden
>
> ➤ Der Regler soll stabil sein und nicht schwingen

Hieraus lässt sich ableiten, dass für diese Regelanforderungen ein I-Regler geeignet ist.

4.5 Variante mit P-Regler

Die vorhandene Regelung kann optimiert werden, indem die Regler Ansprechzeit verringert wird. Der Regler nimmt somit eine Abweichung der Regelgröße früher wahr und

kann schneller nachstellen. Deshalb wird die Variable *Ansprechzeit* mit 10ms initialisiert.

Die Linearisierung der Regelgröße vermindert das Aufschwingen deutlich, wobei der Verstärkungsfaktor *KP* = 1 unverändert bleiben muss. Bei Verringerung des Verstärkungsfaktors nimmt die bleibende Regelabweichung große Ausmaße an. Das Schwingen kann trotz der Maßnahmen nicht zuverlässig vermieden werden.

4.6 Variante mit I-Regler

Für den I-Regler werden drei zusätzliche Variablen deklariert und initialisiert. Aufgrund der Nachkommastellen und der hohen Zahlenwerte wurde der Datentyp Float ausgewählt.

KI = I-Regler Verstärkungsfaktor

I_val = I-Regler Ausgangswert

error_I = Aufsummierte Regelabweichung

```
//Reglereinstellungen
const float KI = 0.5;
float I_val = 0.0;
float error_I = 0.0;
```

Abbildung 11: Programmcode - I-Regler Variablen

(Eigene Abbildung)

Die Berechnung des I-Regler Ausgangs erfolgt durch die Multiplikation von Verstärkungsfaktor, aufsummierter Regelabweichung und der Abtastzeit.

```
I_val = KI * error_I * (ansprechZeit/1000.0);
```

Abbildung 12: Programmcode - Berechnung des I-Regler Ausgangs

(Eigene Abbildung)

4.6.1 Regler Einstellung

Der I-Regler wird mittels Verstärkungsfaktor *KI* eingestellt. Nachfolgend ist der I-Regler mit zu hohem *KI* = 2,0 ausgelegt. Es ist ein deutliches Schwingen zu beobachten.

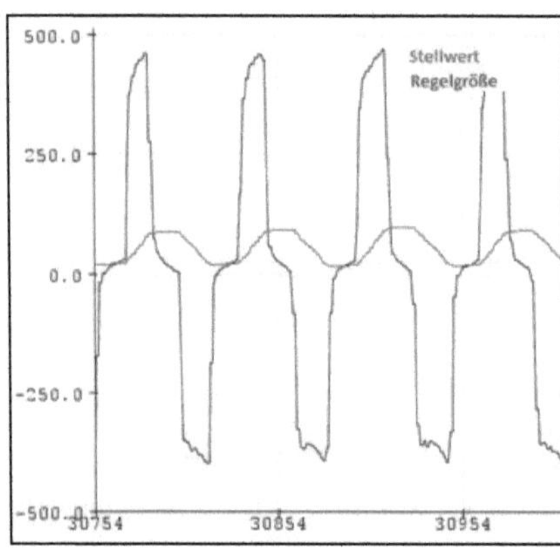

Abbildung 13: I-Regler Regelverhalten mit *KI* = 2

(Eigene Abbildung)

Bei einem Verstärkungsfaktor KI = 0,5 regelt der I-Regler bei großen Abweichungen zügig und konvergiert anschließend träge gegen null. Ein Überschwingen stellt sich nicht ein. Diese Einstellung eignet sich demzufolge sehr gut.

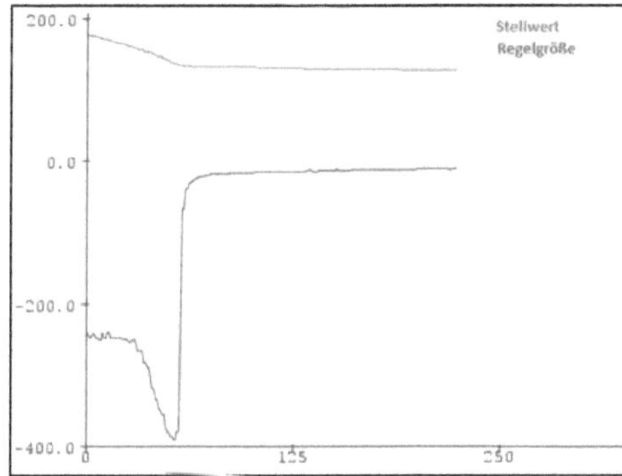

Abbildung 14: I-Regler Regelverhalten mit KI = 0.5

(Eigene Abbildung)

5 Fazit

5.1 Gegenüberstellung und Bewertung der Varianten

Bei der Umsetzung mit einem P-Regler stellt sich eine bleibende Regelabweichung ein. Das Lichtradar wird sich daher keinesfalls auf die optimale Position mit der maximalen Helligkeit einstellen. Die Linearisierung der Regelgröße ist nötig um ein Aufschwingen der Regelung zu unterdrücken und um die Regelbarkeit herzustellen. Jedoch ist es mittels P-Regler nicht möglich, das Schwingen zuverlässig zu unterbinden und gleichzeitig die optimale Ausrichtung zur Lichtquelle einzustellen.

Die Umsetzung mit einem I-Regler hingegen lässt keine Regelabweichung zu. Das Lichtradar wird solange nachgeregelt, bis die Ausrichtung optimal eingestellt ist. Außerdem wird mittels eines geringen Verstärkungsfaktors und daraus folgender geringer Regeldynamik ein Schwingen verhindert. Auch ohne Linearisierung regelt der I-Regler ohne sich auf-zu-schwingen. Die Linearisierung kann aus diesem Grund bei dem I-Regler entfallen.

5.2 Ergebnisse und Ausblick

In dieser Arbeit wurden Lösungen zur Optimierung des Lichtradar Reglers gefunden. Dazu wurden die beiden Regler P- und I-Regler näher untersucht. Zur Stützung der Thesen wurden diverse Messungen durchgeführt.

Der I-Regler erfüllt die Anforderungen zur optimalen Regelung des Lichtradars und ist daher einem P-Regler vorzuziehen.

Nachdem der Regler optimiert wurde, ist für den Einsatz des Lichtradars in Verbindung mit einem Photovoltaik-Generator, die Entwicklung weiterer Funktionen denkbar. Ein Ansatz könnte sein, nachts die Regelung zu deaktivieren.

Literaturverzeichnis

Arduino.cc (o.J.). Abgerufen am 21.01.2019 von https://store.arduino.cc/arduino-uno-rev3

Arduino.cc2 (o.J.). Abgerufen am 21.01.2019 von https://www.arduino.cc/en/Main/arduinoShields

Bartmann E. (2017). Mit Arduino die elektronische Welt entdecken (3. Auflage). Bonn: Bombini Verlag

Bernstein H. (2012). Elektrotechnik/Elektronik für Maschinenbauer: Grundlagen und Anwendungen (2. Auflage). Wiesbaden: Springer Vieweg+Teubner Verlag

LDR Datenblatt (o.J.). Abgerufen am 15.01.2019 von http://pdf1.alldatasheet.com/datasheet-pdf/view/84411/PERKINELMER/VT83N1.html

Lunze J. (2012). Regelungstechnik 1, Systemtheoretische Grundlagen, Analyse und Entwurf einschleifiger Regelungen (9. Auflage). Berlin Heidelberg: Springer Verlag

Mertens K. (2018). Photovoltaik Lehrbuch zu Grundlagen, Technologie und Praxis (4. Auflage). München: Carl Hanser Verlag

SAMSON AG (o.J.). Technische Information Regler und Regelstrecken: Teil 1 Grundlagen. Abgerufen am 15.01.2019 von https://www.samson.de/document/l102de.pdf

Schröder D. (2015). Elektrische Antriebe – Regelung von Antriebssystemen (4. Auflage). Berlin Heidelberg: Springer Verlag

SG90 Datenblatt (o.J.). Abgerufen am 15.01.2019 von http://www.ee.ic.ac.uk/pcheung/teaching/DE1_EE/stores/sg90_datasheet.pdf

Stoppel K. (2016). Abgerufen am 15.01.2019 von https://www.n-tv.de/wissen/Forscher-wetteifern-um-die-Super-Solarzelle-article17513816.html

Anlagen

A1 Programmcode - Kennlinienmessung der Regelstrecke

```cpp
#include <Servo.h>
#define ServoPin    9
Servo meinServo;

int stellwert = 0;
int ergebnisMessung = 0;
int messungSample = 0;
int anzahlMessungen = 10;

void setup()
{
  Serial.begin(115200);
  meinServo.attach(ServoPin);
  meinServo.write(0);
  delay(1000);
}

void loop()
{
  for(stellwert = 0; stellwert<=180;stellwert++)
  {
    int analogWertPin0 = analogRead(A0);
    int analogWertPin1 = analogRead(A1);

    for(int i = 0; i < anzahlMessungen; i++)
    {
      int messung = analogWertPin1 - analogWertPin0;
      messungSample = messungSample + messung;
    }
    ergebnisMessung = messungSample/anzahlMessungen;
    messungSample = 0;

    meinServo.write(stellwert);
    delay(100);

    Serial.print(ergebnisMessung);
    Serial.print(" ");
    Serial.print(stellwert-90);
    Serial.println(" ");
  }
  delay(20000);
}
```

A2 Programmcode - Lichtradar original ohne Optimierung

```cpp
#include <Servo.h>
#define ServoPin 9

Servo meinServo;

int mittelPosition = 90;
int ergebnisMessung = 0;
int messungSample = 0;
int ansprechZeit = 100;
int anzahlMessungen = 10;
unsigned long zeitLetzteMessung = 0;

void setup()
{
  meinServo.attach(ServoPin);
}
void loop()
{
  int analogWertPin0 = analogRead(A0);
  int analogWertPin1 = analogRead(A1);
  if(millis() - zeitLetzteMessung > ansprechZeit)
  {
    for(int i = 0; i < anzahlMessungen; i++)
    {
      int messung = analogWertPin1 - analogWertPin0;
      messungSample = messungSample + messung;
    }
    ergebnisMessung = messungSample/ anzahlMessungen;
    meinServo.write(mittelPosition + ergebnisMessung);
    zeitLetzteMessung = millis();
  }
  messungSample = 0;
}
```

(aus BARTMANN 2017, S.492-S.493)

A3 Programmcode - Lichtradar mit P-Regler optimiert

```cpp
#include <Servo.h>
#define ServoPin 9

Servo meinServo;

float Kp = 1.0;

int stellwert = 0;
int mittelPosition = 90;
int ergebnisMessung = 0;
int messungSample = 0;
int ansprechZeit = 1000;
int anzahlMessungen = 10;
unsigned long zeitLetzteMessung = 0;
unsigned long last_uart = 0;
int uart_delay = 10;

void setup()
{
  Serial.begin(115200);
  meinServo.attach(ServoPin);
}
void loop()
{
  int analogWertPin0 = analogRead(A0);
  int analogWertPin1 = analogRead(A1);
  if(millis() - zeitLetzteMessung > ansprechZeit)
  {
    for(int i = 0; i < anzahlMessungen; i++)
    {
      int messung = analogWertPin1 - analogWertPin0;
      messungSample = messungSample + messung;
    }
    ergebnisMessung = messungSample/ anzahlMessungen;
    if(ergebnisMessung>0) ergebnisMessung = (1.666762*ergebnisMessung)
    -(0.010426*ergebnisMessung*ergebnisMessung)
    +(0.000028269*ergebnisMessung*ergebnisMessung*ergebnisMessung)
    -(0.0000000265*ergebnisMessung*ergebnisMessung*ergebnisMessung*ergebnisMessung);

    else ergebnisMessung = (1.666762*ergebnisMessung)
    +(0.010426*ergebnisMessung*ergebnisMessung)
    +(0.000028269*ergebnisMessung*ergebnisMessung*ergebnisMessung)
    +(0.0000000265*ergebnisMessung*ergebnisMessung*ergebnisMessung*ergebnisMessung);

    messungSample = 0;
```

```
      stellwert = Kp*ergebnisMessung + mittelPosition;

      if(stellwert>180) stellwert = 180;
      else if(stellwert<0) stellwert = 0;

      meinServo.write(stellwert);
      zeitLetzteMessung = millis();
   }

   if(millis() - last_uart > uart_delay)
   {
      Serial.print(ergebnisMessung);
      Serial.print(" ");
      Serial.println(stellwert);
      Serial.print(" ");

      last_uart = millis();
   }
}
```

A4 Programmcode - Lichtradar mit I-Regler optimiert

```cpp
#include <Servo.h>
#define ServoPin    9
Servo meinServo;

//Reglereinstellungen
const float KI = 0.5;
float I_val = 0.0;
float error_I = 0.0;

int stellwert = 0;
int mittelPosition = 90;
int ergebnisMessung = 0;
int messungSample = 0;
int ansprechZeit = 10;
int anzahlMessungen = 10;

unsigned long zeitLetzteMessung = 0;
unsigned long last_uart = 0;
int uart_delay = 100;

void setup()
{
  Serial.begin(115200);
  meinServo.attach(ServoPin);
  meinServo.write(90);
  delay(1000);
}

void loop()
{
  int analogWertPin0 = analogRead(A0);
  int analogWertPin1 = analogRead(A1);

  if(millis() - zeitLetzteMessung > ansprechZeit)
  {
    for(int i = 0; i<anzahlMessungen; i++)
    {
      int messung = analogWertPin1 - analogWertPin0;
      messungSample = messungSample + messung;
    }
    ergebnisMessung = messungSample/anzahlMessungen;
    messungSample = 0;
    zeitLetzteMessung = millis();
```

```cpp
    if(abs(ergebnisMessung)>5)
    {
      error_I += ergebnisMessung;

      I_val = KI * error_I * (ansprechZeit/1000.0);
      stellwert = mittelPosition + I_val;

      if(stellwert>180) stellwert = 180;
      else if(stellwert<0) stellwert = 0;

      meinServo.write(stellwert);
    }
  }

  if(millis() - last_uart > uart_delay)
  {
    //Plotterausgabe
    Serial.print(ergebnisMessung);
    Serial.print(" ");
    Serial.println(stellwert);
    Serial.print(" ");

    last_uart = millis();
  }
}
```